工程实训报告

主编 赵 倩

班级：_____
学号：_____
姓名：_____

图书在版编目(CIP)数据

工程实训报告 / 赵倩主编. -- 天津：天津大学出版社，2022.6（2024.8重印）
高等教育机工类"十四五"精品规划教材
ISBN 978-7-5618-7216-1

Ⅰ.①工… Ⅱ.①赵… Ⅲ.①工程技术－高等学校－教材 Ⅳ.①TB

中国版本图书馆CIP数据核字(2022)第105504号

出版发行	天津大学出版社	
地　　址	天津市卫津路92号天津大学内(邮编:300072)	
电　　话	发行部:022-27403647	
网　　址	www.tjupress.com.cn	
印　　刷	廊坊市瑞德印刷有限公司	
经　　销	全国各地新华书店	
开　　本	185mm×260mm	
印　　张	1.25	
字　　数	31千	
版　　次	2022年6月第1版	
印　　次	2024年8月第3次	
定　　价	10.00元	

凡购本书，如有缺页、倒页、脱页等质量问题，烦请与我社发行部门联系调换

版权所有　　侵权必究

目　　录

第一篇　毛坯生产 ·· 1
第二篇　钳工 ··· 6
第三篇　机加工 ·· 9
第四篇　数控加工 ·· 14
第五篇　特种加工 ·· 17

第一篇　毛坯生产

一、填空题

1. 常见的毛坯生产工艺有 _____、_____、_____ 等。
2. 形状复杂的箱体类零件毛坯采用 _____ 工艺生产毛坯。
3. _____ 内部组织致密,力学性能好,常用于受力复杂的重要钢质零件。
4. _____ 是指通过焊缝把不同形状、尺寸的金属构件拼成一个大的复杂的金属构件。
5. _____ 是轧钢厂生产的具有规定形状、尺寸的一系列产品的总称。使用时可在合适的型材上通过锯割等手段下料后,作为毛坯件进行进一步加工。
6. 按照产生电流的种类和性质,手工电弧焊机可分为 _____、_____、逆变电源三类。
7. 型号为 ZXG-300 的整流弧焊机,其中,"Z"表示 _____,"300"表示 _____。
8. 常用的酸性焊条牌号有 J422、J502 等,牌号中三位数字的前两位"42"或"50"表示焊缝金属的 _____,J422 焊缝强度为 _____。
9. 手工电弧焊焊接电流应根据焊条的 _____ 来选取。
10. 引弧是指使焊条和焊件之间产生稳定的电弧。引弧的方法有 _____ 和 _____ 两种。
11. 气焊时,改变乙炔和氧气的混合比例,可以得到三种不同的火焰,即 _____、_____ 和 _____。
12. 检验焊接缺陷的无损检验方法主要有 _____、_____、_____ 和 _____。

二、判断题

1. 为了改善砂型的透气性,应在砂型的上下箱都扎通气孔。　　　　　　　　(　　)
2. 焊接时,焊接电流越大越好。　　　　　　　　　　　　　　　　　　　　(　　)
3. 零件、模样、铸件三者的尺寸与形状应是一致的。　　　　　　　　　　　(　　)
4. 分型面就是分模面。　　　　　　　　　　　　　　　　　　　　　　　　(　　)
5. 有一零件需用 HT 200 的材料来制造,应选用焊接法加工毛坯。　　　　　 (　　)
6. 直流弧焊机和交流弧焊机相比,其特点是结构复杂,电弧稳定性好。　　　(　　)
7. 选择焊条直径的大小主要取决于焊件厚度。　　　　　　　　　　　　　　(　　)
8. 正常操作时,焊接电弧长度不超过焊条直径。　　　　　　　　　　　　　(　　)

9. 手工电弧焊产生的热量与焊接电流成正比。( )
10. 用角钢(低碳钢)焊接一机器底座,应采用手工电弧焊焊接。( )
11. 手工造型中,型砂压得越紧越好。( )
12. 在焊接过程中,焊条移动的速度越快越好。( )
13. 气焊时,被焊工件的厚度对工件变形影响不大。( )
14. 交流电焊机没有正接、反接的区别。( )
15. 砂型铸造手工造型的适用范围是中小批量和单件生产。( )

三、单选题

1. 影响焊缝宽度的主要因素是( )。
 (A)焊接角度　　(B)焊接电流　　(C)焊接直径　　(D)焊接速度
2. 焊接时产生烧穿的原因是( )。
 (A)焊接电流过大　(B)运条不合理　(C)焊条角度不当
3. 适合焊接的材料是( )。
 (A)金属　　　　(B)非金属　　　(C)螺纹
4. 砂型铸造时,必须先制模样(木模或铝合金模),模样的尺寸应与所需铸件的尺寸完全相同。( )
 (A)对　　　　　(B)错　　　　　(C)不能肯定
5. 适合制造内腔形状复杂零件的成型方法是( )。
 (A)锻造　　　　(B)铸造　　　　(C)焊接　　　　(D)冲压
6. 将模样沿最大截面处分成两部分进行造型的方法,称为( )。
 (A)整模造型　　(B)分模造型　　(C)活块造型　　(D)挖砂造型
7. 将熔融金属液浇入具有和零件相同形状的空腔中得到的零件加工方法称为( )。
 (A)焊接　　　　(B)铸造　　　　(C)热处理
8. 下列工件中适宜用铸造方法生产的是( )。
 (A)车床上进刀手轮(B)螺栓　　　　(C)机床丝杆　　(D)自行车中轴
9. 模样的尺寸与零件相比,除外形相似外,还应有:①起模斜度 ②尺寸公差 ③收缩量 ④加工余量( )。
 (A)①②③　　　(B)①②④　　　(C)①③④　　　(D)②③④
10. 为使金属液体产生静压力并迅速充满型腔,应适当( )。
 (A)加大直浇道的断面　　　　　(B)增加直浇道的高度
 (C)多设内浇道
11. 造型方法按其造型手段不同,可分为( )。
 (A)分模造型和挖砂造型　　　　(B)整模造型和刮板造型
 (C)手工造型和机器造型

12. 浇铸系统中的内浇口,应尽量开设在( )。
（A）重要的加工面　　（B）定位基准面　　（C）不重要的部位

13. 为提高铸件的强度,铸件应尽量处于下箱。( )
（A）对　　　　　　　（B）错

14. 铸造用的模样尺寸应比零件大,在零件尺寸的基础上一般需加上( )。
（A）模样材料的收缩量　　　　　　（B）机械加工余量
（C）铸件材料的收缩量　　　　　　（D）铸件材料的收缩量和机械加工余量

15. 在已造好的上下砂型上扎上若干小孔,其目的是( )。
（A）增加砂型强度　　　　　　　　（B）增加浇铸时砂型的透气性
（C）增加金属液体的流动性

16. 为方便起模,分型面一般设在铸件的( )。
（A）最小截面　　（B）最大截面　　（C）最厚截面　　（D）最薄截面

17. 焊条直径增大时,相应的焊接电流也应增大。( )
（A）正确　　　　　　（B）错误

18. 焊条芯的主要作用是( )。
（A）传导电流,填充焊缝　　　　　（B）传导电流,提高稳定性
（C）传导电流,保护熔池

19. 交流弧焊机可将工业用的电压降至( )。
（A）24~36 V　　（B）20~35 V　　（C）60~70 V　　（D）36~60 V

20. 交流弧焊机电弧燃烧时的电压为( )。
（A）24~36 V　　（B）20~35 V　　（C）60~70 V　　（D）36~60 V

四、简答题

1. 选择毛坯时应该考虑哪几个方面的因素?

工程实训报告

2. 下图为套筒砂型铸造示意图,请把其中各物体的名称写在物体旁边。

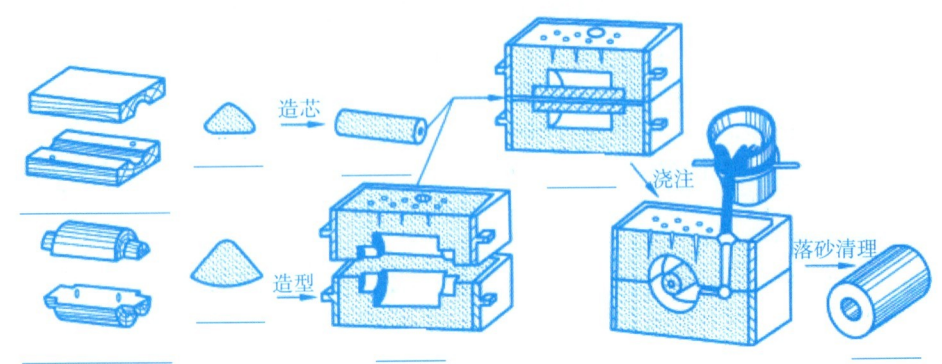

3. 试从成型特点、结构特征、工艺性要求、常用材料、组织特征、机械性能、材料利用率、生产周期、生产成本以及应用举例方面比较各种毛坯的成型区别,完成下表。

毛坯类型	铸件	锻件	冲压件	焊接件	轧材
成型特点					
结构特征					
工艺性要求					
常用材料					
组织特征					
机械性能					
材料利用率					
生产周期					
生产成本					
应用举例					

4. 下图为砂型铸造流程图,补全图的空白部分。

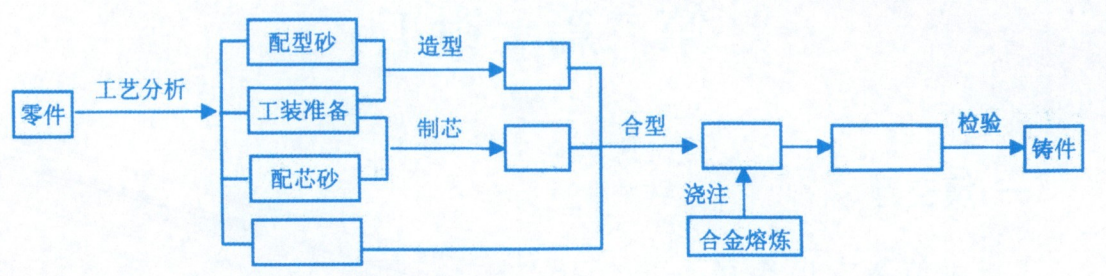

5. 下图是某零件铸造浇注系统示意图,标注浇注系统各部分名称,并说明其作用。

名称	作用
1. 出气口	
2. 浇口杯	
3. 直浇道	
4. 横浇道	
5. 内浇道	

第二篇　钳工

一、填空题

1. 钳工的基本操作有_____、_____、_____、_____、_____、_____、刮削及研磨等。

2. 制造锯条时,锯齿按照一定的形状左右错开,排成波浪形,安装时保证锯齿朝_____。

3. 锯削前应根据被加工材料的软硬、厚薄来选用锯条。一般来说,锯削软材料或厚材料时选用_____锯条;锯削硬材料或薄材料时选用_____锯条。

4. 安装锯条及开始锯削时注意三条:A._____ B._____ C._____。

5. 按锉齿的大小分为粗齿锉、中齿锉、细齿锉和油光锉等,其中,粗锉刀适用于锉削_____;细锉刀,适用于锉削_____等工件;油光锉适用于_____。

6. 锉削平面的方式有_____、_____和_____。其中,_____主要适用于较大平面的锉削,_____主要适用于工件表面的修光。

7. 钳工常用的三种钻孔机床为_____、_____、_____。孔径 12 mm 以下小件钻孔用_____。

8. 在钳工操作中,用丝锥加工工件内螺纹,称为_____,又称攻丝。用板牙加工工件外螺纹,称为_____,又称套扣。

二、单选题

1. 锯切薄板料或薄壁钢管材料时应选择(　　)。
 (A)粗齿锯条　　　(B)细齿锯条　　　(C)先用粗齿锯条,再用细齿锯条

2. 攻盲孔螺纹时,孔的深度(　　)。
 (A)与螺纹深度相等　(B)大于螺纹深度　(C)小于螺纹深度

3. 螺纹底孔的确定与材料性质无关。(　　)
 (A)对　　　　　(B)错

4. 铸铁件上 M12×1.5 螺纹,在攻螺纹前钻孔直径应为(　　)。
 (A)10.5 mm　　(B)10.35 mm　　(C)12 mm　　(D)10 mm

5. 钢件上 M12×1.5 螺纹,在攻螺纹前钻孔直径应为(　　)。
 (A)10 mm　　(B)10.35 mm　　(C)10.5 mm　　(D)12 mm

6. 锉削工件外部半圆弧面时,应用下列哪种方法?(　　)
 (A)推锉法　　　(B)滚锉法　　　(C)交叉锉法　　　(D)顺锉法

7. 使用手锯起锯时,锯条与工件表面形成的角度为(　　)。
   (A) 45°　　　　(B) 30°　　　　(C) 15°　　　　(D) 0°
8. 在锉削加工余量较小或者在修正尺寸时,应采用(　　)。
   (A) 顺锉法　　(B) 交叉锉法　　(C) 推锉法　　(D) 滚锉法
9. 套螺纹的刀具是_____,它用来加工_____(　　)。
   (A) 板牙,加工内螺纹　　　　　　　　(B) 板牙,加工外螺纹
   (C) 丝锥,加工外螺纹　　　　　　　　(D) 丝锥,加工内螺纹
10. 选择锉刀的锉纹号(即锉齿的粗细)主要取决于工件的 ①材质;②加工余量;③加工精度;④表面粗糙度(　　)。
   (A) ①②③　　(B) ①②④　　(C) ①③④　　(D) ①②③④

三、判断题

1. 钳工是一种手持工具对金属材料进行切削加工的方法,不久将会被淘汰。(　　)
2. 钻孔时应戴手套,以免铁屑划伤手部。(　　)
3. 钻床可以进行钻孔、扩孔、铰孔和锪孔,这些工作在其他机床上不能完成。(　　)
4. 钻孔时,钻头不必垂直于钻孔平面。(　　)
5. 当孔将被钻透时进给量要加大。(　　)
6. 用板牙加工外螺纹,称为套螺纹。(　　)
7. 攻丝时每正转 1/2~1 圈后,应反转 1/4~1/2 圈,这是为了便于切屑碎断。(　　)
8. 攻盲孔螺纹时,孔的深度应大于螺纹深度。(　　)
9. 手锯安装锯条时,锯齿尖应向前。(　　)
10. 把锯齿做成几个向左或向右的波浪形的锯排列的原因是减少工件上锯缝对锯条的摩擦阻力。(　　)
11. 开始推锉时,左手压力要小,右手压力要大,锉刀保持水平。(　　)
12. 划线时,借料是避开毛坯缺陷、重新分配加工余量的一种方法。(　　)
13. 钻孔用的麻花钻与扩孔用的扩孔钻形状是不一样的。(　　)
14. 钳工用丝锥加工内螺纹,用圆板牙加工外螺纹。(　　)
15. 钳工划线基准工具是平板。(　　)
16. 锯割薄壁管子和薄材料时应选用细齿锯条,其原因主要是保证锯条有 3 个以上牙齿接触工件,这样才能使锯条避免崩齿。(　　)
17. 锉削铝或紫铜等软金属时,应选用粗齿锉刀。(　　)
18. 锯条安装时松紧应适当,太紧时锯条很易折断,太松时锯条容易扭曲,也可能折断,而且锯条的锯缝易发生歪斜。(　　)

四、简答题

1. 简述你在钳工实习中做考核件榔头头部的加工工艺。

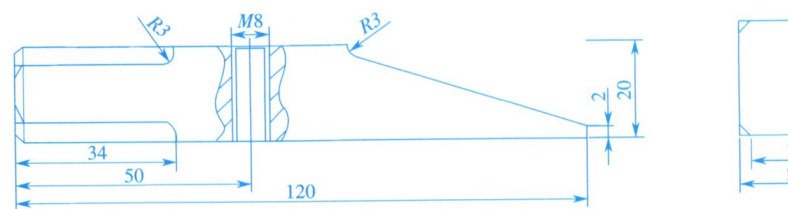

序号	名称	内容	设备	简图

2. 为什么在孔即将钻通时要减小进给量或变机动进给为手动进给?

第三篇　机加工

一、填空题

1. CM6132 型卧式车床 C 代表 ＿＿＿＿＿＿＿；M 代表 ＿＿＿＿＿＿＿；6 代表 ＿＿＿＿＿＿＿；1 代表 ＿＿＿＿＿＿＿；32 代表 ＿＿＿＿＿＿＿。

2. 卧式车床组成包括一身 ＿＿＿＿＿，一架 ＿＿＿＿＿，一座 ＿＿＿＿＿；两杠是指 ＿＿＿＿＿；三箱是指 ＿＿＿＿＿。

3. 车刀的切削部分一般由三面、二刃、一尖组成,其中三面分别是 ＿＿＿＿＿、＿＿＿＿＿、＿＿＿＿＿；两刃分别是 ＿＿＿＿＿、＿＿＿＿＿；一尖是 ＿＿＿＿＿。

4. 刀具前角的作用是 ＿＿＿＿＿。

5. 在车床上常用的装卡附件有 ＿＿＿＿＿、＿＿＿＿＿、＿＿＿＿＿和 ＿＿＿＿＿等。

6. 车床上车削锥体的常用方法有四种,分别是 ＿＿＿＿＿、＿＿＿＿＿、＿＿＿＿＿、＿＿＿＿＿。

7. 举出三种车削成型面的方法：＿＿＿＿＿、＿＿＿＿＿、＿＿＿＿＿。

8. 铣削可用来加工 ＿＿＿＿＿、＿＿＿＿＿、＿＿＿＿＿和切断等,还可以进行钻镗孔加工。

9. 铣削加工的尺寸公差等级一般可达 ＿＿＿＿＿。

10. 铣削用量三要素包括 ＿＿＿＿＿、＿＿＿＿＿、铣削深度。

11. X5032 立式铣床编号中, X 为 ＿＿＿＿＿, 5 为 ＿＿＿＿＿, 32 为 ＿＿＿＿＿,即工作台面宽度为 320 mm。

12. 铣床的主要附件有 ＿＿＿＿＿、＿＿＿＿＿、＿＿＿＿＿和 ＿＿＿＿＿等。

13. B6065 牛头刨床,在编号 B6065 中, B 表示 ＿＿＿＿＿类；60 表示牛头刨床；65 表示刨削工件的 ＿＿＿＿＿,即最大刨削长度为 650 mm。

14. 磨削加工是零件的精加工手段,最高精度可达 ＿＿＿＿＿。

15. M1420 万能外圆磨床,其中, M 表示 ＿＿＿＿＿, 1 表示外圆磨床, 4 表示万能外圆磨床, 20 表示 ＿＿＿＿＿,即最大磨削直径为 200 mm。

16. 外圆磨床上安装工件的方法有 ＿＿＿＿＿安装、＿＿＿＿＿安装和 ＿＿＿＿＿安装等。工件较长且只有一端有中心孔时应采用 ＿＿＿＿＿安装。盘套类空心工件常用 ＿＿＿＿＿安装。

17. 平面的磨削方式有 ＿＿＿＿＿和 ＿＿＿＿＿法两种。精度较高的是 ＿＿＿＿＿。

18. 车削加工切削用量三要素是指 _____、_____、_____。

19. 三爪卡盘与四爪卡盘比较,功能的不同在于 _____。

20. 车床中拖板螺距为 4 mm,刻度盘分度为 200 格,若车外圆时,欲使外圆直径减少 0.2 mm,应进 _____ 格。

二、判断题

1. 金属零件平面磨削时先安装工件再打开电磁吸盘。(   )

2. 试切法就是通过试切—测量—调整—再试切反复进行,使工件尺寸达到要求的加工方法。(   )

3. 在常用机械加工方法中,钻削加工精度等级最低。(   )

4. 车外圆时按机床刻度盘进刀,多进了两格,把手柄摇回半圈再进刀。(   )

5. 车外圆时,也可以通过丝杆传动,实现纵向自动走刀。(   )

6. 车外螺纹用丝锥,车内螺纹用板牙。(   )

三、单选题

1. 车床主轴箱内主轴变速由(   )实现。
   (A)齿轮   (B)链轮   (C)皮带轮   (D)凸轮

2. 对方形工件进行车削加工时,正确的装夹方法是采用(   )。
   (A)三爪卡盘   (B)花盘   (C)两顶尖   (D)四爪卡盘

3. 若零件的锥面斜角为 α,则用小刀架转位法车锥面时,小刀架应转动(   )。
   (A)2α (B)$\alpha/2$ (C)3α (D)$\alpha/4$

4. 普通卧式车床主要用来加工(   )。
   (A)支架类零件   (B)盘、轴、套类零件 (C)箱体类零件   (D)套类零件

5. C6136 车床型号中的"36"代表(   )。
   (A)最大回转直径的 1/10   (B)最大加工长度 360 mm
   (C)回转中心高 360 mm

6. 安装车刀时,刀尖(   )。
   (A)应高于工件回转中心   (B)应低于工件回转中心
   (C)与工件回转中心等高

7. 在车床上不可以进行的加工有(   )。
   (A)车外圆;车锥面   (B)钻孔、钻中心孔、镗孔
   (C)车螺纹   (D)齿轮齿形加工

8. 在各类机床中,加工精度最高的是(   )。
   (A)车床   (B)铣床   (C)镗床   (D)磨床

9. 车刀刀尖运动轨迹若平行于工件轴线,则为(   )。

(A)车端面　　　　(B)车外圆　　　　(C)车锥面　　　　(D)车圆弧面

10. 车削加工的进给量 F 表示（　　）。

(A)工件转速变化　　　　　　　　(B)刀具在单位时间内移动的距离

(C)工件每转一周,刀具移动的距离　　(D)切削速度的变化

11. 车削加工切削用量三要素是指（　　）。

(A)切削速度、工件转速和切削深度　　(B)工件转速、进给量和切削深度

(C)切削速度、工件转速和进给量　　　(D)切削速度、进给量和切削深度

12. 车床的主运动是（　　）。

(A)刀具纵向移动　　(B)刀具横向移动　　(C)工件的旋转运动　　(D)尾架的移动

13. 车外圆时,如果主轴转速增大,则进给量（　　）。

(A)增大　　　　　　(B)减小　　　　　　(C)不变　　　　　　(D)不确定

14. 车端面时,若端面中心留有小凸台,原因是（　　）。

(A)刀尖高于回转中心　　　　(B)刀尖低于回转中心

(C)刀尖高度等于回转中心

15. 在下列普通车床中,若要加工最大直径为 360 mm 的工件,不能选用下列哪种型号的车床？（　　）

(A)C6132　　　　(B)C6180　　　　(C)C6136　　　　(D)C6140

16. 下列表面中哪个不可以在车床上加工？（　　）

(A)回转成型面　　(B)内圆锥面　　(C)椭圆孔　　(D)滚花的表面

17. 车刀前角的主要作用是（　　）。

(A)控制切屑的流动方向　　　　(B)减小后刀面与工件的摩擦

(C)使刀刃锋利　　　　　　　　(D)防止前刀面与切屑摩擦

18. 用以改变车床主轴转速的部件是（　　）。

(A)主轴箱　　　　(B)进给箱　　　　(C)溜板箱　　　　(D)变连箱

19. 在车床中用以带动丝杠和光杠转动的部件是（　　）。

(A)主轴箱　　　　(B)变速箱　　　　(C)进给箱　　　　(D)溜板箱

20. 车床能够自动定心的夹紧装置是（　　）。

(A)四爪卡盘　　　(B)三爪卡盘　　　(C)花盘　　　　　(D)双顶尖夹盘

21. 车刀上切屑流过的表面是（　　）。

(A)前刀面　　　　(B)主后面　　　　(C)副后面　　　　(D)切削平面

22. 对方形工件进行车削加工时,正确的装夹方法是采用（　　）。

(A)三爪卡盘　　　(B)花盘　　　　　(C)双顶尖　　　　(D)四爪卡盘

23. 三爪卡盘与四爪卡盘比较,下列说法哪个正确？（　　）

(A)两者都能自动定心,前者的定心精度比后者高

(B)两者都能自动定心,后者的定心精度比前者高

(C)前者能自动定心,而后者则不能,后者的定心精度比前者高

24. 在实习中车削小锤杆时采用的安装方法是（　　）。
　　(A)三爪卡盘装夹　　　　　　　　　　(B)三爪卡盘—顶尖装夹
　　(C)双顶尖装夹　　　　　　　　　　　(D)四爪卡盘装夹

25. 在车床中,用以带动中拖板和刀架移动的部件是（　　）。
　　(A)变速箱　　　　(B)进给箱　　　　(C)溜板箱　　　　(D)主轴箱

26. 试解释型号 C6136 车床的含义：① 立式车床，② 卧式车床，③ 工件最大回转半径 360 mm；④ 工件最大回转直径 360 mm。其中正确的是（　　）。
　　(A)①③　　　　　(B)①④　　　　　(C)②③　　　　　(D)②④

27. 铣削的主运动为（　　）。
　　(A)工作台的纵向移动　　　　　　　　(B)工作台的横向移动
　　(C)铣刀的旋转运动　　　　　　　　　(D)工作台的上下移动

28. 机床代号 B6065 表示（　　）
　　(A)牛头刨床,最大刨削长度 650 mm　　(B)牛头刨床,最大刨削长度 65 mm
　　(C)龙门刨床,最大刨削长度 650 mm　　(D)龙门刨床,最大刨削长度 65 mm

29. 几个外圆的尺寸公差等级如下,哪个不可以车削作为终加工？（　　）
　　(A)IT5　　　　　(B)IT9　　　　　(C)IT7　　　　　(D)IT8

四、简答题

1. 简述你在车工实习中做考核件榔头柄的车削加工工艺。

序号	工步	刀具夹具等	工序内容	备注

2. 车削加工时采取哪些措施可以降低工件的表面粗糙度？

3. 讲述车床操作的一般安全知识。

第四篇　数控加工

一、填空题

1. 数控编程一般分为_____编程和_____编程。
2. 实习机床编程中 G90 表示_____，G91 表示_____。
3. 快速定位指令是_____，直线插补命令是_____，逆时针圆弧插补指令是_____。
4. 进给功能用_____字母，转速功能用_____字母，辅助功能用_____字母。
5. 主轴停转指令是_____。
6. 根据加工零件图样选定的编制零件程序的原点是_____。
7. 加工中心与数控铣床的主要区别是_____。
8. 用于指令动作方式的准备功能的指令代码是_____。
9. 数控机床开机时,一般先回参考点,其目的是建立_____。

二、单选题

1. 指出下列哪项不是数控机床的优点。（　　）
（A）加工成本较低　　　　　　　　　　（B）柔性好、适应性强
（C）加工的零件一致性好　　　　　　　（D）便于实现计算机辅助设计与制造
2. 影响数控车床加工精度的因素很多,要提高加工工件的质量,有很多措施,但（　　）不能提高加工精度。
（A）将绝对编程改为增量编程　　　　　（B）正确选择车刀类型
（C）减少刀尖圆弧半径对加工的影响　　（D）控制刀尖中心高误差
3. 在确定数控机床坐标系中,X、Y、Z 中者的关系及正方向时,用（　　）。
（A）右手定则　　（B）左手定则　　（C）右手螺旋法则　　（D）左手螺旋法则
4. 反馈装置的作用是为了提高机床的（　　）。
（A）安全性　　　　　　　　　　　　　（B）使用寿命
（C）定位精度、加工精度　　　　　　　（D）灵活性
5. 编程人员在数控编程时,一般常使用（　　）。
（A）机床坐标系　（B）机床参考坐标系　（C）直角坐标系　（D）工件坐标系
6. 一个完整的程序是由若干个（　　）组成的。
（A）字　　　　　（B）程序段　　　　　（C）字母　　　　（D）数字

7. 准备功能 G03 指令表示（　　）。
(A)快速点定位　　(B)直线插补　　(C)顺圆插补　　(D)逆圆插补

8. 准备功能 G00 指令表示（　　）。
(A)快速点定位　　(B)直线插补　　(C)顺圆插补　　(D)逆圆插补

9. 准备功能 G01 指令表示（　　）。
(A)快速点定位　　(B)直线插补　　(C)顺圆插补　　(D)逆圆插补

10. 准备功能 G02 指令表示（　　）。
(A)快速点定位　　(B)直线插补　　(C)顺圆插补　　(D)逆圆插补

11. G00 指令移动速度值由（　　）指定。
(A)操作面板　　(B)数控程序　　(C)机床参数　　(D)人工设定

12. G01 指令移动速度值由（　　）指定。
(A)操作面板　　(B)数控程序　　(C)机床参数　　(D)人工设定

13. 在数控程序中,辅助功能 M04 指令表示（　　）。
(A)主轴正转　　(B)主轴反转　　(C)主轴停止　　(D)程序结束

14. 在数控程序中,辅助功能 M03 指令表示（　　）。
(A)主轴正转　　(B)主轴反转　　(C)主轴停止　　(D)程序结束

15. 在数控程序中,辅助功能 M02 指令表示（　　）。
(A)主轴正转　　(B)主轴反转　　(C)主轴停止　　(D)程序结束

16. 在数控程序中,辅助功能 M05 指令表示（　　）。
(A)主轴正转　　(B)主轴反转　　(C)主轴停止　　(D)程序结束

17. 在数控程序中,辅助功能 M08 指令表示（　　）。
(A)主轴正转　　(B)主轴反转　　(C)主轴停止　　(D)冷却液开

18. 刀具指令 T0102 表示（　　）。
(A)刀号为 1,补偿号为 002　　(B)刀号为 10,补偿号为 20
(C)刀号为 01,补偿号为 02　　(D)刀号为 1002,补偿号为 0

19. 数控机床工作时,当发生任何异常现象需要紧急处理时应启动（　　）。
(A)程序停止功能　　(B)故障检测功能　　(C)紧急停止功能　　(D)暂停功能

20. 在数控车床坐标中,Z 轴是（　　）。
(A)与主轴垂直的方向　　(B)与主轴平行的方向
(C)主轴旋转的方向　　(D)刀架旋转的方向

21. 下面不属于数控车床组成的零部件是（　　）。
(A)光杆和普通丝杆　　(B)编码器
(C)滚珠丝杆　　(D)伺服电机或步进电机

22. 数控车加工时,对刀点可以设置在被加工零件或夹具上,也可以设置在机床上。（　　）
(A)正确　　(B)错误

23. 阅读下面一段数控铣床加工程序：

G90 M03 S300 F100

G01 X0 Y-8 Z0

G02 X0 Y8 I0 J-8

G01 X20 Y10

G01 Z20

M02

此程序加工的是（   ）。

（A）一条圆弧　　　（B）一条直线　　　（C）直线和圆弧连接

二、判断题

1. 数控铣床的机床参考点与机床原点是同一点。（   ）
2. 数控加工程序手工编制完成后即可进行正式加工。（   ）
3. 数控程序只有通过面板上的键盘才能输入数控系统。（   ）
4. 机床坐标系以刀具接近工件表面为正方向。（   ）
5. 数控车床可以是点位控制的数控机床。（   ）
6. 为编程方便，可以任意选择设定工件坐标系的原点。（   ）
7. 数控机床的模拟显示或空运行可以检查出被加工件的精度。（   ）